Bibliografische Information der Deutschen Nationalbibliothek:

Die Deutsche Bibliothek verzeichnet diese Publikation in der Deutschen Nationalbibliografie; detaillierte bibliografische Daten sind im Internet über http://dnb.d-nb.de/ abrufbar.

Impressum:

Druck und Bindung: Books on Demand GmbH, Norderstedt Germany
ISBN: 978-3-668-20759-2

Dieses Buch bei GRIN:

http://www.grin.com/de/e-book/319928/zellbiologie-in-der-schule-gymnasium-klasse-7-8

Julia O.

Zellbiologie in der Schule (Gymnasium Klasse 7/8)

Zwiebel, Löwenzahn und Mundschleimhautzellen

GRIN Verlag

Freie Universität Berlin

Institut für Biologie, Chemie, Pharmazie

Didaktik der Biologie

Sommersemester 2012

13. Juni 2012

Zellbiologie in der Schule

Protokoll zur Seminarstunde „Zellbiologie“

Inhaltsverzeichnis

1. Rahmenlehrplanbezug

Das Themenfeld der Zellbiologie nimmt einen enormen Stellenwert im Rahmenlehrplan der Biologie ein, sei es im Primarbereich, der Sekundarstufe I oder der Gymnasialen Oberstufe. Es werden jedoch nicht nur inhaltliche Aspekte gelehrt und gelernt, auch umfassende Möglichkeiten und Chancen der Kompetenzerweiterung sollen Gegenstand des Biologieunterrichts sein. Die starke Präsenz der Zellbiologie in den Rahmenlehrplänen aller Schulstufen, gewichtet dessen Bedeutung für den Biologieunterricht und weiterführende Themenbereiche.

Bereits in der 5. und 6. Jahrgangsstufe behandelt der Themenkomplex „Lebewesen bestehen aus Zellen" Basiskonzepte zur Struktur, Funktion und Kompartimentierung von Zellen, sowie Stoff- und Energiewechsel auf der zellulären Ebene. Besonderes Augenmerk wird in diesen Jahrgangsstufen auf das Präparieren und Mikroskopieren gelegt, da bereits jetzt die Kompetenz der Erkenntnisgewinnung mithilfe naturwissenschaftlicher Methoden von Bedeutung ist.[1]

Der Rahmenlehrplan der Doppeljahrgangsstufen 7/8 führt das Thema der Zellbiologie direkt als ersten Themenkomplex „P1 7/8 Lebewesen bestehen aus Zellen – kleinste Einheiten" auf. Auffällig ist hier, dass nun besonders der Kompetenzbezug höchste Priorität hat und in drei Niveaustufen unterteilt ist. Die erste Niveaustufe benennt die grundlegende allgemeine Bildung und beruht auf dem zielführenden Beschreiben, Vergleichen und Mikroskopieren von Zellen. Die nächsthöhere Stufe, die erweiterte allgemeine Bildung, basiert vor allem auf dem Erklären der Zelle als System und Baustein von Organismen als Systemkonzept. Die letzte Niveaustufe ist die vertiefte allgemeine Bildung und beschreibt vornehmlich das Vergleichen von Pro- und Eukaryonten.[2] Während Erkenntnisgewinnungsprozesse weiterhin geübt werden, kommt nun auch der Umgang mit Fachwissen und naturwissenschaftlichen Kenntnissen hinzu, welcher zunächst von den SuS[3] sach- und fachbezogen erschlossen und ausgetauscht werden muss.

Die Gymnasiale Oberstufe umfasst die Jahrgangstufen 11 und 12. Das erste Kurshalbjahr unterliegt dem Thema der „Physiologische[n] Grundlagen ausgewählter Lebensprozesse", wo hauptsächlich das Wissen über funktionelle und strukturelle Zusammenhänge auf zellulärer Ebene vertieft wird. Mikroskopische Untersuchungen und Experimente, die von den SuS selbständig geplant, durchgeführt und ausgewertet werden, führen zu einer umfassenden Weiterentwicklung der experimentellen Fähigkeiten und Fertigkeiten. Zur Vertiefung der Erkenntnisprozesse dienen vor allem grafische Darstellungen, zu analysierende Fachtexte, Filmsequenzen oder auch die Nutzung neuer Medien. Die Bewertung naturwissenschaftlicher

[1] Vgl. LISUM 2004: S. 26.

[2] Vgl. LISUM 2008: S. 15ff.

[3] Im weiteren Verlauf abgekürzt für „Schülerinnen und Schüler"

Sachverhalte, als ein Teilbereich der Naturwissenschaftlichen Kompetenz, nimmt in der Biologie einen besonderen Stellenwert ein. Um zellbiologische Inhalte zu erarbeiten und kritisch zu bewerten, dienen vorrangig Modelle der Auseinandersetzung mit einem bestimmten Themenbereich. [4] Um jedoch mit Modellen Erkenntnisse zu erzielen, bedarf es einer zuvor geförderten Modellkompetenz.

Wie sich zeigt, ist die Zellbiologie in allen drei Schulstufen vertreten und nicht nur von großer Bedeutung für den Themenkomplex der Zellbiologie und Physiologie im Biologieunterricht, auch weiterführende Unterrichtsinhalte greifen unweigerlich auf diesen Bereich zurück. So basiert beispielsweise ein großer Teil des Pflichtbereiches der Doppeljahrgangsstufe 7/8 auf den Vorgängen der Zellbiologie. Es ist anzunehmen, dass die zellulären Grundlagen zu Beginn der Halbjahre platziert wurden, um die Themenkomplexe Ernährung und Verdauung, Atmung, sowie Blut und Blutkreislauf etc. auf dem bis dato erworbenen Vorwissen der SuS aufzubauen.

2 Fachliche und fachdidaktische Klärung

2.1 Modellkompetenz

2.1.1 Fachdidaktischer Hintergrund[5]

„Ziel der Kompetenzentwicklung ist die erfolgreiche Bewältigung vielfältiger Herausforderungen im Alltag und im späteren Berufsleben“[6], so die Senatsverwaltung für Bildung, Jugend und Sport Berlin im Zusammenhang des Rahmenlehrplans der Sekundarstufe I. Der Kompetenzbegriff umfasst ein weit gefächertes Spektrum verschiedener Teilkompetenzen, die letztendlich ebengenanntem Ziel zugrunde liegen.

Der im Rahmen eines Projektes in der MNU erschiene Artikel zur „Förderung von Modellkompetenz im Biologieunterricht“[7], macht sich einen der wichtigsten Bestandteile naturwissenschaftlicher Erkenntnisgewinnung zum Gegenstand.

Um den Begriff *Modellkompetenz* zu definieren, erfordert es zunächst eine genauere Betrachtung der einzelnen Komponenten. Das Modell seinerseits ist die gegenständliche Repräsentation eines Modellobjekts und wird stets dann eingesetzt, wenn „ein natürliches Phänomen nicht direkt zugänglich ist“[8].

[4] Vgl. LISUM 2006: S. 18f.
[5] Gesamter Absatz, soweit nicht anders markiert: Vgl. FLEIGE 2012: S. 19-24.
[6] LISUM 2008: S. 5.
[7] FLEIGE 2012: S. 19.
[8] GROPENGIEßER 2010: S. 96.

Das Objekt wird anhand theoretischer Aspekte mit einem Ausgangsobjekt in Beziehung gesetzt und erlangt auf diese Weise seine Stellvertreterfunktion. Es nimmt sich bestimmter Eigenschaften und/oder Funktionen des Originals an, und vertritt letzteres bezüglich der darzustellenden Faktoren in Form von Denkmodellen (theoretischen Konstrukten) oder Anschauungsmodellen (Gegenstände)[9].

Die Modellkompetenz indes definiert sich darüber „das Modellobjekt als Modell von etwas zu erkennen [und] die in den Modellen steckenden theoretischen Annahmen erkennen und nutzen zu können, um Hypothesen aufzustellen, sie zu testen und damit zu bestätigen oder zu falsifizieren“[10]. Auf diese Weise entstehen Hypothesen, die zunächst aus Modellen abgeleitet und später durch einen Vergleich mit dem Original validiert werden. Dieser Vorgang führt zu ‚neuen‘ Erkenntnissen über einen bestimmten Sachverhalt.

Das Resultat der Modellkompetenz ist die Generierung bereits bestehender oder neuer Annahmen über das Original, sowie der damit einhergehenden Rekonstruktion falsifizierter Hypothesen.

2.2 Die Zwiebel

2.2.1 Fachlicher Hintergrund

Der vorliegende Arbeitsauftrag bedarf einer längeren Vorbereitungszeit und besteht daher aus zwei Teilschritten. Zunächst soll eine Küchenzwiebel so auf einem Becherglas positioniert werden, dass Wurzeln auskeimen. Anschließend wird von den Wurzeln ein Schnitt angefertigt, der mit Hilfe von Karminessigsäure angefärbt und anschließend erhitzt wird, sodass eine Betrachtung unter dem Mikroskop möglich ist. Zuvor muss allerdings von den SuS ein Quetschpräparat angefertigt werden. Die verwendete Essigsäure bewirkt bei diesem Schritt das Aufquellen der Zellstrukturen. Dabei verliert das Zellplasma seine Färbbarkeit mit basischen Farbstoffen und erlaubt selektive Anfärbungen innerhalb der Zelle. Ziel dieses Versuches ist es, verschiedene Mitosestadien in Zellen der Zwiebelwurzel zu beobachten. Speziell in sich teilenden Zellen wachsender Wurzelspitzen lassen sich Kerne in den verschiedenen Mitosephasen beobachten.

[9] Vgl. GROPENGIEßER 2010: S. 96.
[10] FLEIGE 2012: S. 20.

2.3 Der Löwenzahn

2.3.1 Fachlicher Hintergrund

Der zugrundeliegende Sachverhalt für diesen Versuch ist die Osmose der Pflanzen. Dazu werden Löwenzahnstängel kreuzartig der Länge nach eingeschnitten und in destilliertes Wasser, sowie eine hochkonzentrierte und eine niedrigkonzentrierte Natriumchlorid-Lösung gegeben.

Der Zellsaft des Löwenzahns enthält darüber hinaus auch hohe Konzentrationen gelöster Substanzen (z.B. Salz). Stellt man nun einen Stängel des Löwenzahns in das destillierte Wasser, so ist die Salzkonzentration in den Zellen größer, als jene des Wassers. Das Innenmedium (Pflanze) ist dem Außenmedium (umgebende Flüssigkeit) gegenüber hyperton. Resultierend daraus strömt das Wasser in die Zellen hinein, um einen Konzentrationsausgleich zu bewirken. Dadurch werden die Zellen im Inneren des Stängels größer und praller (Ausdehnung), was durch das Aufrollen des geviertelten Stiels sichtbar wird. Die Zellen der Epidermis sind indes mit einer Kutikula überzogen, die das Eindringen von Wasser, oder dessen ungewollten Verlust, verhindert. Die Zellen im Inneren schwellen daher, im Gegensatz zu den Zellen der Epidermis, an und bewirken den Rollmechanismus.

Im hochkonzentrierten Salzwasser ist die NaCl-Konzentration größer, als in den Zellen des Löwenzahns. Das Innenmedium ist dem Außenmedium gegenüber hypoton. Das Wasser strömt daher aus den Zellen heraus, was ein Erschlaffen des Stängels zur Folge hat.

Die niedrigkonzentrierte Salzlösung hingegen bewirkt nichts beim Löwenzahnstängel. Die Konzentration des Natriumchlorids ist im Innenmedium der Pflanze und im Außenmedium gleich (isoton). Diese Vorgänge sind reversibel und gegeneinander austauschbar.

2.4 Mundschleimhautzellen

2.4.1 Fachlicher Hintergrund

Im Rahmen dieses Versuches wird ein einfaches Frischpräparat aus Zellen der Mundschleimhaut jedes einzelnen Schülers hergestellt. Dazu schabt man mit einem Mundspatel (oder alternativ einem Teelöffel) etwas Schleimhaut aus der Innenseite der Wange ab und überträgt die weiß-milchige Flüssigkeit auf einen Objektträger. Das Ausstreichen der Mundschleimhaut trennt einzelne Zellen von ihrem Zellverband, sodass sie unter dem Mikroskop leicht als Zellen zu identifizieren sind. Die Zellen werden mithilfe eines Tropfens Methylenblau angefärbt. Das Methylenblau färbt die Zellkerne der Zellen blau, das Zellplasma hingegen wird hellblau gefärbt.

Zudem werden zusätzlich zum Mundschleimhautepithel, in der Mundhöhle lebende Bakterien angefärbt, die als kleine Kügelchen und Stäbchen im mikroskopischen Bild sichtbar werden.

3 Bemerkungen zur Durchführung und Auswertung

3.1 Modelle

3.1.1 Reflexion des didaktischen Seminarschwerpunkts

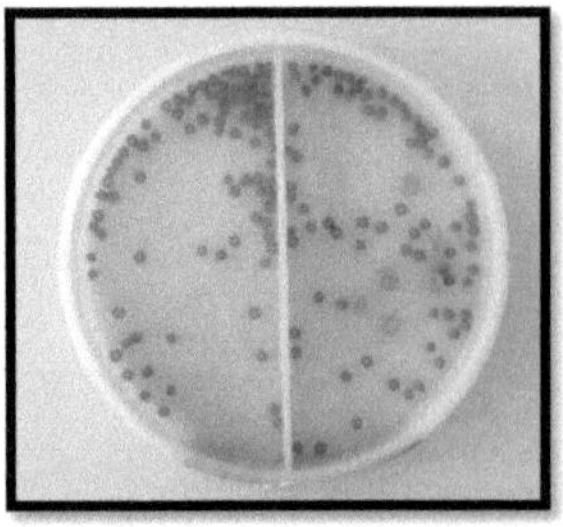

Modell "Osmose"

Auch im Rahmen der Seminarstunde zum Thema „Zellbiologie" wurden Modellversuche genutzt. So diente das Modell „Osmose" der Überprüfung theoretischer Hintergründe und abgeleiteter Hypothesen. Der naturwissenschaftliche Erkenntnisprozess ist Schülern dabei meist nicht gegenwärtig. Der Lernende begrenzt sich dabei oft auf die „rein mediale Perspektive im Sinne von Unterrichtswerkzeugen"[11] und sieht das Modell meist nur „als naturgetreue Kopie der Realität an, die durch Veranschaulichung zum Verständnis unbekannter Sachverhalte"[12] beiträgt. Dies ist besonders dann der Fall, wenn es sich um ein Homologmodell handelt, das die Wirklichkeit realitätsnah darstellt. Schwieriger wird es für die SuS jedoch, wenn die Funktion eines Vorgangs, wie zum Beispiel die Osmose, anhand eines Analogmodells veranschaulicht wird. Dieser Modelltypus bildet nur eine bestimmte Funktion oder Eigenschaft des Originals ab.

Fleige wirft in ihrem Artikel die bereits diskutierte Kontroverse auf, „die wissenschaftliche Funktion von Modellen"[13] im Unterricht zu fördern und zu verbessern. Schüler sollen demzufolge lernen, Modelle zu nutzen um Fragen aufzuwerfen, die unweigerlich zu selbstentwickelten Hypothesen führen. Anschließend gilt es die aufgestellten Hypothesen zu überprüfen und abhängig davon das Modell zu ändern.[14] Einhergehend mit dem Erwerb der Modellkompetenz ist es von Wichtigkeit, vom Modell auf das Original zu abstrahieren und im Anschluss an die Änderung des Modells „auch die Vorstellung über das Original"[15] anzupassen.

Unser Modell „Osmose" aus der Seminarstunde dient demnach nicht nur der Veranschaulichung des gerichteten Flusses von Molekülen durch eine semipermeable Membran. Vielmehr ist dieser

[11] FLEIGE 2012: S. 20.
[12] GROPENGIEßER 2010: S. 96.
[13] FLEIGE 2012: S. 20.
[14] Vgl. Ebd.
[15] Ebd.

Modellversuch Gegenstand „der Förderung von Modellkompetenz [, während] die Förderung von Kompetenz im Bereich Fachwissen in den Hintergrund"[16] rückt. Um weder die SuS zu überlasten, noch den Unterricht zu überfrachten, ist es zum einen ratsam, ein fachlich leicht eingängliches Thema zu wählen und so die Modellkompetenz der SuS zielführend zu fördern. Darüber hinaus empfiehlt es sich, nur ein paar der Teilkompetenzen in den Unterricht einzuplanen, um die Menge der zu reflektierenden Aspekte zu begrenzen.[17] So wäre es zweckmäßig, die Schüler entweder das Osmosemodell hinsichtlich seiner Eigenschaften, seines Theoriegehalts und seiner Zweckgebundenheit[18] zu testen und gegebenenfalls Änderungsvorschläge anzubringen, oder es bezüglich genereller Eigenschaften von Modellen und alternativen Modellen zu untersuchen. Beide Vorgehensweisen sind Bestandteile zur Förderung der Modellkompetenz und tragen darüber hinaus wesentlich zum naturwissenschaftlichen Erkenntnisgewinnungsprozess bei. Abschließend sollte eine Sicherung der Ergebnisse und des Arbeitsvorgangs erfolgen (z.B. in Form von Merksätzen, Übersichten etc.), um den Transfer auf weitere Beispiele zu ermöglichen.[19]

3.2 Die Zwiebel

3.2.1 Vorüberlegung/ Planung

Allium cepa auf Becherglas

Der Versuch eignet sich vor allem für die Durchführung innerhalb kleinerer Gruppen und nicht als alleiniges Lehrer- bzw. Demonstrationsexperiment im Rahmen des Themenfeldes „Grundlagen der Vererbung" in der Doppeljahrgangsstufe 9/10. Da besonders das Vorwissen der Schüler, hinsichtlich pflanzlicher Mitoseaktivitäten, sehr gering zu vermuten ist und keinerlei Vorerfahrungen aus dem Alltag erwartet werden können, kann bei dem Zwiebel-Versuch besonders ein Verständnis über die Größenverhältnisse von Zellen aus alltäglichen Dingen gefördert werden. Oftmals erfolgt die Aneignung verschiedenster biologischer Prozesse anhand von Fertigpräparaten oder Abbildungen aus Schulbüchern. Den SuS ist jedoch häufig nicht klar, woher diese Illustrationen stammen und in welchem Verhältnis sie zu der realen Pflanze stehen. Ein rein kognitiver Lernprozess ist oft auch sehr einseitig und selten zielführend. Kann allerdings ein Lernobjekt in die Hand genommen, begutachtet und untersucht

[16] Ebd.: S. 23.
[17] Ebd.: S. 24.
[18] Vgl. GROPENGIEßER 2010: S. 96.
[19] FLEIGE 2012: S. 24.

werden, steigert dies nicht nur die Neugier und Entdeckungslust der SuS, Lernprozesse werden dadurch instrumentalisiert und besser verstanden.

Warum eignet es sich nun, eine ganze Stunde darauf zu verwenden, ein Quetschpräparat herzustellen und am Ende ein minder gutes Ergebnis unter dem Mikroskop zu erzielen, als das eines Fertigpräparats? ‚Der Weg ist das Ziel' hieß es laut Konfuzius – und genau diesen Leitfaden sollte auch der Biologielehrer verfolgen. Sich bewusst zu machen und mit den eigenen Händen zu erfahren, welche Vorgänge ein Fertigpräparat durchlaufen musste, bis es letztendlich von Schulklassen genutzt werden konnte, steigert zusätzlich den Wert dieses Versuches. Nicht nur die fachliche Seite der verschiedenen Darstellungsformen der Mitose innerhalb einer Zwiebelwurzel ist Gegenstand des Versuches, außerdem werden mehrere methodische Kompetenzen aktiviert. Handle es sich nun um den Umgang mit der Rasierklinge oder das Erhitzen des Objektträgers über offener Flamme.

3.2.2 Versuchsdurchführung

Die Materialbeschaffung dieser Untersuchung bietet keine großen Schwierigkeiten, da in den meisten Haushalten einfache Küchenzwiebeln zu finden sind. Sollte dies nicht der Fall sein, beläuft sich der Anschaffungswert auf nur wenige Euro. Der Versuch bedarf allerdings einer Vorbereitungszeit von drei bis vier Tagen. Aus diesem Grund bietet es sich an, die Zwiebel bereits in der Stunde, vor der die Untersuchung geplant ist, auf hohe, mit Wasser aus der Leitung gefüllte Bechergläser zu platzieren. Dies kann auch von den Schülern vorbereitet werden, ohne dass dafür umfangreiche Instruktionen von Bedeutung wären. Alternativ werden die Zwiebeln vom Lehrer vorbereitet. Dazu ist zu sagen, dass es wichtig für die Keimung der Wurzeln ist, dass die Basis der Zwiebel sich dabei dicht über der Wasseroberfläche befindet und nicht eintaucht. Das Leitungswasser sollte zudem des Öfteren kontrolliert und gegebenenfalls erneuert bzw. aufgefüllt werden.

Bevor die Schüler beginnen Schnitte anzufertigen, sollte zunächst der Umgang mit der Rasierklinge erklärt und geübt werden. Auf die Gefahr von Schnittverletzungen sollte besonders hingewiesen werden. Von den mittlerweile ausgetriebenen Zwiebelwurzeln wird nun die Spitze (die äußersten 3mm) abgeschnitten und der Länge nach halbiert. Die halbierten Wurzelspitzen werden auf mehrere Objektträger übertragen und mit jeweils einem Tropfen Karminessigsäure beträufelt. Da es sich bei Karminessigsäure um eine reizende und zellkernfärbende Substanz handelt, sollte darauf geachtet werden, dass jeder Schüler Handschuhe trägt. Zusätzliche Sicherheitsvorkehrungen (Keine Getränke/ Nahrungsmittel auf den Tischen etc.) sollten natürlich bei allen Experimenten von den Schülern eingehalten werden. Da die Objektträger anschließend unter offener Flamme erhitzt werden, darf nicht vergessen werden, eine Schutzbrille während dieses Vorgangs zu tragen. Aus Sicherheitsgründen sollte außerdem auf einen Bunsenbrenner verzichtet werden. Anstelle kann ein Teelicht und Streichhölzer benutzt werden. Der Umgang mit diesen Gerätschaften ist den SuS vermutlich aus dem Familienalltag bekannt und daher weniger risikobehaftet.

Die Präparate werden nun solange durch die Flamme gezogen, bis kleine Bläschen auf der Oberfläche zu erkennen sind und die gesamte Karminessigsäure verdampft ist. Es wird ein weiterer Tropfen der Säure hinzugegeben (die bereits erwähnten Schutzbrillen schützen vor eventuellem Spritzen). Nun werden die gefärbten Objekte mit einem Deckgläschen abgedeckt und wie in der Abbildung auf dem Arbeitsblatt mit einem Streifen Papierhandtuch umwickelt. Während das Papier mit der einen Hand festgehalten wird, benutzt man die Rückseite eines Bleistiftes um damit auf das Deckgläschen zu klopfen. Unklar ist an dieser Stelle der Instruktionen, wie lange das Präparat geklopft werden soll, um ein möglichst gutes Ergebnis zu erzielen. Anschließend wird die restliche Karminessigsäure mit einem Tropfen Wasser und einem Papierhandtuch unter dem Deckglas durchgezogen, sodass nur die angefärbten Zellen und Zellkerne[20] unter dem Mikroskop sichtbar werden.[21]

3.2.3 Ergebnis/ Beobachtung

Unter dem Mikroskop waren deutliche Zellstrukturen und Andeutungen von Mitosephasen zu erkennen. Da das Deckgläschen in unserer Gruppe beim Quetschvorgang etwas verrutschte, konnte das Objekt womöglich nicht das zu erwartende und optimale Ergebnis wiederspiegeln. Offensichtlich fand in den Zellen Mitose statt, allerdings war eine genaue Bestimmung der einzelnen Phasen aufgrund des qualitativ ungenügenden, mikroskopischen Bildes nicht möglich.

In anderen Gruppen hingegen, wurde tatsächlich eine Zelle in der Metaphase entdeckt. Die Ergebnisse unserer Gruppe sind demnach nicht für den gesamten Kurs zu pauschalisieren.

[20] Karminessigsäure färbt vornehmlich Zellkerne, allerdings wird das umliegende Zellmaterial ebenfalls leicht angefärbt.
[21] Vgl. Arbeitsblatt zum vorliegenden Versuch „Die Zwiebel".

3.2.4 Diskussion

Zusammenfassend lässt sich sagen, dass diese Untersuchung vor allem dazu führt, dass die SuS im Nachhinein ein besseres Verständnis entwickeln, welche Mühe es macht, ein Fertigpräparat herzustellen und warum gerade die Wurzelspitze zur Darstellung der Mitosephasen genutzt wird.[22] Dass es sich um die Sprossungszone der Pflanze handelt, ist vielen womöglich noch unklar. Ebenso werden die Schüler methodisch völlig neuen Herausforderungen gegenübergestellt, denen die Mehrheit mit großer Begeisterung nachgeht.

Im Anschluss an die Fertigstellung des Präparats, könnte nun das eigene mit einem Fertigpräparat verglichen werden. Dazu eignet sich eine Zeichnung, um tatsächliche Unterschiede und Gemeinsamkeiten beider Präparate herauszustellen. Dabei soll der Schüler sich auf nur eine Zelle mit Zellkern und den jeweiligen, zu erkennenden Vorgängen konzentrieren. Der Lehrer sollte bei diesem Arbeitsauftrag darauf hinweisen, dass nur das gezeichnet werden soll, was man selbst - und nicht der Nachbar - gesehen hat. Viele SuS neigen dazu, partnerschaftlich die Ergebnisse zu einem zusammenzufügen, und solche damit zu verfälschen.

Hinterher werden Gruppen aus Schülern gebildet, die in etwa dasselbe gezeichnet haben. Ein möglicher Impuls wäre nun, die SuS beschreiben zu lassen, was sie auf den Bildern sehen. In dieser planbaren Situation ist es ratsam den Impuls für alle SuS sichtbar zu machen (z.B. auf einer OH-Folie), um eventuelle Unklarheiten von vornherein zu beseitigen. Ein solcher Arbeitsauftrag könnte beispielsweise heißen: „Benennt Unterschiede und Gemeinsamkeiten der Zellen!" Das Verb zu Beginn des Satzes animiert die Schüler, nicht nur stichwortartig, sondern in ganzen Sätzen zu antworten. Falls keine Antworten seitens der SuS aufkommen, kann der Erkenntnisgewinn durch den Hinweis einer möglichen Hierarchie der Bilder provoziert werden. Falls dabei eine falsche Reihenfolge der Mitosephasen entsteht, ist das eher wünschenswert als kontraproduktiv, da so die Möglichkeit besteht, die Schüler mit Hilfe von Denkanstößen zum wiederholten Reflektieren zu animieren.

Auch innerhalb des Unterrichts sollte das biologische Forschen, so wie es Naturwissenschaftler betreiben, nicht außer Acht gelassen werden. Für logische Argumentationen, sowie das conceptual-chance-Konzept müssen Schüler immer wieder durch herbeigeführte Situationen animiert werden. Dazu gehört auch, einen Prozess genau beschreiben zu können, den man an einer lebenden Zelle beobachtet hat. Für diesen Verstehensprozess eignen sich im Unterricht vor allem sogenannte Sekundärmedien, wie z.B. Filme, die den Mitoseverlauf unkommentiert

---

[22] Bei der Spitze handelt es sich um die Sprossungszone der Wurzel, die dem Wachstum der Pflanze, durch die in den Zellen stattfindende Mitose, dient.

szenisch darstellen. Ein solches Video kann im Anschluss von den SuS mit den eigenen Zeichnungen oder auch Schulbuchabbildungen verglichen und eingeordnet werden.

Welche Phase nun wie genau heißt, ist meist irrelevant. Der Schüler muss eine eigene Idee von biologischer Arbeitsweise entwickeln und anwenden. Erst dann kann zur Sicherung der Erkenntnisse eine Abstraktion des Unterrichtsgegenstandes stattfinden.[23]

3.3 Der Löwenzahn

3.3.1 Vorüberlegung/ Planung

Der von den Schülern durchgeführte Versuch bietet die Möglichkeit, Osmose sichtbar zu machen und mit beeindruckendem Ergebnis darzustellen. Dabei kann jeder Einzelne den Versuch durchführen und nach Belieben wiederholen - der Vorgang ist reversibel und somit für den Schüler umso eindrucksvoller! Der als Schülerexperiment ausgelegte Versuch kann im Rahmen des Themenpflichtbereiches der Doppeljahrgangsstufe 9/10 „Einheimische Pflanzen und ihre Bedeutung im Stoffkreislauf"[24] eingesetzt werden, um die Abläufe Wasseraufnahme und -transport in der Pflanze zu veranschaulichen. Obwohl den meisten SuS der *Taraxacum officinale* aus dem Alltag bekannt sein wird, ist es eher ausgeschlossen, dass darüber hinaus zum Thema und Vorgang der Osmose Vorerfahrungen bestehen. Besonders Modelle dienen der unterstützenden Darstellung des Experiments und können, je nach Unterrichtsplanung, im Voraus oder Nachhinein eingesetzt werden. Unter Osmose stellen sich die meisten SuS vermutlich einen aktiven Vorgang des Wassertransports durch die Pflanze vor, Details hinsichtlich Konzentrationsgefällen etc. sollten ihnen jedoch weitgehend unbekannt sein. Gerade aus diesem Grund eignet sich ein gängiger Gegenstand aus dem alltäglichen Leben der SuS. Indem ein bisher selbstverständliches Objekt in Zusammenhang mit einem unbekannten Sachverhalt gebracht wird, steigert dies nicht nur die Neugier, sondern auch den Erkenntnisgewinn der SuS.

3.3.2 Versuchsdurchführung

Da der gemeine Löwenzahn für dieses Experiment benutzt wird, ist die Materialbeschaffung auch hinsichtlich des weit verbreiteten Vorkommens von *Taraxacum officinale* mit keinen großen Umständen verbunden und kann sogar in den Unterricht eingebunden werden, z.B. durch einen Spaziergang mit der Klasse durch den Park, bei dem einheimische Pflanzen

[23] Z.B in Form von Rollenspielen, Puzzles oder Comics etc.
[24] LISUM 2008: S.55.

bestimmt und gesammelt werden. Außerdem werden pro Versuch drei Erlenmeyerkolben, destilliertes Wasser (z.B. abgekochtes Wasser), sowie eine 0,9%ige und eine 9%ige Natriumchlorid-Lösung[25] benötigt. Beim Befüllen der Erlenmeyerkolben mit den angegebenen Flüssigkeiten ist darauf zu achten, die Behältnisse mit einem Permanent-Stift zu beschriften, um späteren Verwechslungen aus dem Weg zu gehen. Die Kolben werden ungefähr zu einem Viertel gefüllt, jedoch sollte es so viel sein, dass die Stängel der Blütenstandsstiele mindestens zur Hälfte in die Lösung eintauchen. Die Löwenzahnstiele werden nun am unteren Ende 4-5 cm längs und über Kreuz eingeschnitten, sodass vier gleich große Teile entstehen. Die SuS stellen jeden Stiel in einen Erlenmeyerkolben und beobachten dessen Veränderung in den folgenden 5 Minuten. Anschließend soll das Gesehene von den SuS notiert oder gezeichnet und erklärt werden. Die Zusatzaufgabe lautet außerdem, sich weitergehende Fragestellungen zu überlegen und „weitere Versuche mit den zur Verfügung stehenden Materialien durch[zuführen]"[26].[27]

Löwenzahn in Erlenmeyerkolben und den jeweiligen Lösungen kurz nach dem Wechsel der Stängel von H_2O dest. in 9%ige NaCl-Lösung

3.3.3 Ergebnis/ Beobachtung

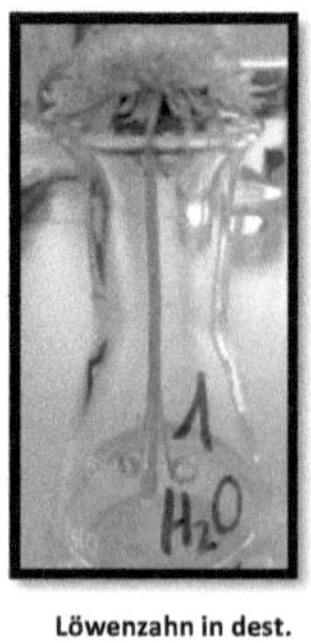

Löwenzahn in dest. H_2O

Während der Löwenzahnstängel in 9%iger Natriumchlorid-Lösung erschlaffte und die 0,9%ige Lösung eine leichte Aufrollung herbeiführte, rollte sich der Stiel in destilliertem Wasser bis zur Oberfläche der Flüssigkeit vollständig auf. Dabei fanden wir heraus, dass sich erstgenannter Stängel tatsächlich sehr schlapp anfühlte, jener aus dem Kolben mit destilliertem Wasser hingegen, war fest und im Gegensatz zu den anderen beiden sehr starr.

Nach einem Wechsel der Pflanzen in andere Kolben, konnte jedoch beobachtet

[25] Kann mithilfe von H_2O und normalem Kochsalz hergestellt werden, indem nach g/ml dosiert wird.

[26] Arbeitsblatt zum vorliegenden Versuch „Der Löwenzahn".

[27] Vgl. Arbeitsblatt zum vorliegenden Versuch „Der Löwenzahn".

werden, wie der schlaffe Stängel rasch begann, sich ebenfalls zu wölben. Der aufgerollte Blütenstandsstiel entspannte sich in der 9%igen Salzlösung und verlor zusehends an Stabilität. Diesen Vorgang konnten wir so oft wir wollten bei gleichem Ergebnis wiederholen.

3.3.4 Diskussion

Beim Versuch „Der Löwenzahn" handelt es sich um ein spannendes Phänomen, zur Sichtbarmachung Osmotischer Vorgänge in der Pflanzenzelle. Es besitzt mehrere Ebenen der Erkenntnisgewinnung und bietet die Möglichkeit der Überleitung zu anderen Themenfeldern.

Zuerst gilt es den Vorgang der Osmose in Pflanzenzellen zu entdecken und am Beispiel des Löwenzahns zu belegen. Besonders die Unterschiede der Lösungen im Vergleich zum Innenmedium sollten in diesem Kontext geklärt werden. Warum rollt sich der Stängel in destilliertem Wasser, aber nicht in hochkonzentrierter Natriumchlorid-Lösung? In diesem Zusammenhang sollte keineswegs versäumt werden, die Begriffe hypoton, hyperton und isoton zu definieren. Dies kann jedoch auch im Anschluss an den Versuch geschehen, wenn die Schüler nach einer Erklärung für ihre Beobachtungen suchen. Sollte die Diskussion nach der Problemlösung jedoch zu keinem Ergebnis führen, kann der Verweis auf die Möglichkeit von unterschiedlichen Zelltypen im Stiel des Löwenzahns dem Denkprozess der SuS auf die Sprünge helfen. Bestenfalls beläuft sich der Erkenntnisgewinn darauf, dass die SuS erkennen, dass der Epidermis eine Kutikula aufliegt, die vor übermäßiger Wasseraufnahme und -verlust schützt, und verhindert dass sich die Zellen unter der Epidermis mit Wasser füllen. Die Zellen im Inneren des Stängels besitzen keine Kutikula und schwellen aufgrund des Wassers prall an. Dieser Sachverhalt erzeugt letztendlich den Aufrollmechanismus des Löwenzahnstängels.

Weiterführend kann mit diesem Versuch auf verschiedene Strukturen und Zelltypen von Pflanzen übergeleitet werden. Er kann auch als Übergang von der Osmosetätigkeit von Zellen zum Aufbau des Blattes genutzt werden, um sich eventuell im Anschluss Querschnitte von verschiedenen Blättern anzusehen und diese gegebenenfalls zu vergleichen (dazu eignen sich vor allem Licht- und Schattenblätter der Buche).

Methodisch gesehen, verlangt das Experiment etwas Fingerfertigkeit der SuS im Umgang mit der Rasierklinge und beim Einschneiden des Stängels. Der Schwierigkeitsgrad des Versuchsaufbaus ist einfach und auf dem Arbeitsblatt gut beschrieben, sodass es zu keinerlei Unklarheiten kommen sollte. Umso anspruchsloser der Aufbau, desto vorzeigbarer ist das Ergebnis. Mit wenigen Mitteln kann dem Schüler eindrucksvoll aufgezeigt werden, welchen Einfluss der Wasseraustausch zwischen Zelle und Lösung haben kann. Die SuS werden zudem dazu angehalten, selbst zu experimentieren, Vorgänge umzukehren und eine Erklärung für die beobachteten Ereignisse zu finden.

3.4 Mundschleimhautzellen

3.4.1 Vorüberlegung/ Planung

Die Beobachtung von Mundschleimhautzellen unter dem Mikroskop ist Teil der Auseinandersetzung mit dem eigenen Körper und von daher meist interessant für die Mehrheit der SuS. Die Auswahl der Mundschleimhautzellen als Untersuchungsobjekt bietet sich aufgrund ihrer einfachen und klaren Struktur an, die durch Einfärben mit Methylenblau noch kontrastreicher und leichter erkennbar wird. Zellen dieses Typs zu mikroskopieren, eignet sich vor allem im Rahmen eines schülerzentrieren Versuches in der Doppeljahrgangsstufe 7/8. Kontextuell ist diese Unterrichtseinheit in das Themenfeld „Einheimische Lebewesen und Wechselwirkungen“[28] einzuordnen, wobei der Versuch besonders für einen Vergleich zwischen pflanzlicher Zelle und Tierzelle (Mundschleimhautzelle) geeignet ist.

Der Schüler kommt unterdessen jeden Tag mit ebendiesen Zellen in Berührung, wenn meist jedoch unbewusst. Viele SuS wird es doch erstaunen, welch kleine Einheiten in ihrem eigenen Körper vorkommen und wie diese unter enormer Vergrößerung aussehen. Es ist immer sehr schwer für Schüler, Vorwissen in einem Bereich der Biologie zu aktivieren, der sich auf nur wenige Mikrometer bezieht. Von daher sollte die Lehrkraft auch nicht allzu großes Wissen voraussetzen.

Allerdings ist es aufgrund elektronenmikroskopischer Aufnahmen bereits auch für den Schüler möglich, sich einen räumlichen Eindruck winzig kleiner Lebewesen und Zellen zu verschaffen.

3.4.2 Versuchsdurchführung

Der Versuchsaufbau dieser Beobachtung ist recht einfach. Jedoch sollte hinsichtlich der verwendeten Chemikalien (Methylenblau) auf einige Instruktionen nicht verzichtet werden. Methylenblau färbt, wie im Fachlichen Hintergrund bereits erwähnt, Zellkerne an. Da auch in der Epidermis Zellkerne vorhanden sind, ist es sehr schwer, die Farbe wieder von den Händen zu entfernen, sind diese erst einmal mit der Lösung in Berührung gekommen. Alternativ können auch Handschuhe verteilt werden, um anhaltenden Verfärbungen entgegenzuwirken.

[28] LISUM 2008: S.22.

Darüber hinaus sollten alle Materialen in der Biologiesammlung der Schule vorhanden sein (Mikroskop, Objektträger und Deckgläschen, Wasser, Pipetten und Papierhandtücher). Zudem benötigt man Holzstäbchen, um die Zellen von der Mundschleimhaut abzukratzen. Diese kann man jedoch problemlos in jeder Drogerie oder in der Apotheke erwerben.

Zur Versuchsdurchführung ist zu sagen, dass zunächst mit einem Holzstäbchen eine Probe der Schleimhaut aus der Innenseite der Wange entnommen und auf einen Objektträger übertragen wird. Dabei ist auf strenge Hygiene zu achten. In einem Labor darf weder Nahrung noch Flüssigkeit zu sich genommen werden. Der Holzspatel sollte daher direkt aus der Packung entnommen und sofort verwendet werden, ohne vorher auf Tischen oder anderen Oberflächen abgelegt worden zu sein. Jedes Holzstäbchen sollte aus hygienischen Gründen auch nur einmal benutzt und danach sofort entsorgt werden.

Zu den Mundschleimhautzellen, die als weißer Belag auf dem Objektträger sichtbar sind, wird ein Tropfen 0,9%ige Natriumchlorid-Lösung gegeben und mit einem Deckgläschen luftblasenfrei abgedeckt. Das Objekt kann nun das erste Mal unter dem Mikroskop betrachtet werden. Anschließend wird das Präparat mit Methylenblau angefärbt, indem am Rand des Deckgläschens ein Tropfen der Färbelösung aufgeträufelt und mit einem Papierhandtuch unter dem Deckglas durchgezogen wird. Nach der kurzen Einwirkzeit von etwa einer halben Minute, wird dieser Vorgang mit Wasser wiederholt, um überschüssige Farbreste zu entfernen. Ist dies erledigt, kann das Frischpräparat erneut unter dem Mikroskop betrachtet werden.

3.4.3 Ergebnis/ Beobachtung

Die erste mikroskopische Beobachtung schlug leider fehl. Die nicht angefärbten Mundschleimhautzellen waren unter dem Mikroskop nicht zu erkennen.

Im zweiten Durchgang waren neben den bläulich gefärbten Zellverbänden, dessen Zellkerne besonders hervorstachen, im mikroskopischen Bild auch schwarze Punkte zusehen, die sich bewegten. Es stellte sich heraus, dass es sich dabei um Bakterien und keine Mitochondrien handelte, die ebenfalls vom Methylenblau angefärbt wurden.

3.4.4 Diskussion

Der mikroskopische Versuch zur „Mundschleimhaut" erfordert seitens der SuS eine enorme Abstraktion kleinster Zellstrukturen als Einheiten des eigenen Körpers. Gegenstand dieses Versuches ist nicht nur die Vergegenwärtigung tierischer Zellstrukturen, sondern auch die Größendimensionierung ebendieser Zellen. Zusätzlich zu der Versuchsanleitung, wäre es ratsam zusätzlich ein Haar unter das Deckgläschen zu legen, um einen angemessen Maßstab zu erzielen, den sich der Schüler auch vorstellen kann. Meist wird auf einer Zeichnung ebenfalls der Maßstab der Vergrößerung angegeben, leider können nur sehr wenige SuS mit dieser Maßeinheit etwas anfangen, geschweige denn sich vorstellen um welche Größenverhältnisse es sich dabei handelt. Ein Haar indessen ist mit dem menschlichen Auge noch sichtbar (ca. 80µm = 0,08mm breit). Eine Mundschleimhautzelle ist nicht mehr visuell zu erfassen, obwohl sie nur um die Hälfte kleiner ist, als der Querschnitt des Haares. Legt man nun also ein Haar mit auf den Objektträger, erscheint dieses als dicker schwarzer Balken im mikroskopischen Bild. Auf diese Weise kann der Schüler immer den Größenvergleich zu einem realen Objekt ziehen. Dies ist besonders für Zeichnungen von Bedeutung, da die Größenverhältnisse, durch fehlende Orientierung an anderen Zellen, meist nicht übereinstimmen.

Dieser Versuch eignet sich besonders zu vergleichenden Zwecken. Im Rahmen mehrerer Unterrichtseinheiten kann die menschliche Mundschleimhautzelle stellvertretend für die tierischen Zellen mikroskopiert werden. Dabei ist außerdem zu beachten, dass beim Ausstreichen der Mundschleimhaut auf dem Objektträger Zellen von ihrem Zellverband getrennt werden und so leichter als einzelne Zellen zu identifizieren sind. Dies erleichtert den SuS, mit Einschränkungen im Bereich der visuellen Wahrnehmung, das Betrachten und Zeichnen der Zelle und verhindert, dass mehrere Zellen zusammen fälschlicherweise als „eine große Zelle" wahrgenommen werden. Stellvertretend für die Pflanzenzellen könnte ein Präparat von *Allium cepa* angefertigt werden, wie zu Beginn dieses Protokolls bereits beschrieben. Anschließend könnten Gemeinsamkeiten und Unterschiede beider Zelltypen herausgestellt, auf dessen Funktionen untersucht und diskutiert werden.

Im Rahmen der Erkenntnisgewinnung sind sowohl methodische als auch fachliche Kompetenzen zu nennen. Zum einen wird das in der Sekundarstufe I eingeführte Mikroskopieren und Präparieren weiterhin geübt und gefestigt. Darüber hinaus können Kenntnisse über Zellarten und deren Besonderheiten gewonnen werden. Ein weiterer Bereich naturwissenschaftlicher Themenfelder eröffnet sich mit dem Sachverhalt der lebenden Bakterien im Präparat. Zu diesem Thema könnte sich die folgende Stunde anschließen, da Bakterien sich wiederum von Tier- und Pflanzenzellen unterscheiden. Sollen die Bakterien jedoch unbeachtet bleiben, empfiehlt es sich, anstelle des Methylblaus Lugol'sche Lösung zu verwenden, die keine bakteriellen Strukturen anfärbt.

4 Literatur

FLEIGE, J., Seegers, A., Upmeier zu Belzen, A. & Krüger, D. (2012) Förderung von Modellkompetenz im Biologieunterricht. MNU 65/1, 19-28.

GROPENGIEßER, H., Kattmann, U. & Krüger, D. (2010): Biologiedidaktik in Übersichten. Aulis Verlag.

LISUM: Rahmenlehrplan Grundschule - Sachunterricht. 1 Auflage, Wiss.-und-Technik-Verl, Berlin, 2004.

LISUM: Rahmenlehrplan Biologie: Sekundarstufe I. Wiss-und-Technik-Verl, Berlin, 2008.

LISUM: Rahmenlehrplan für die gymnasiale Oberstufe. Biologie. 1 Auflage, Wiss.-und-Technik-Verl, Berlin, 2006.

5 Anhang

Erwartungshorizonte

Die Zwiebel

- Die SuS fertigen gemäß der ihnen vorliegenden Versuchsanleitung ein Quetschpräparat an
- Das angefertigte Präparat wird hinsichtlich beobachtbarer Mitosestadien mikroskopiert
- Jeder Schüler sucht sich eine besonders gut erkennbare Zelle aus und zeichnet diese hinsichtlich seiner Kernaktivität
- Anschließend diskutieren die SuS, was das Frischpräparat vom Fertigpräparat unterscheidet
- Danach werden die gezeichneten Mitosestadien mithilfe von Schulbuchabbildungen oder Sekundärmedien bestimmt und benannt

Der Löwenzahn

- Die SuS bauen den Versuchsaufbau der Anleitung gemäß auf und beobachten die Osmosevorgänge am Löwenzahn
- Im Anschluss sind die SuS dazu angehalten, durch weiterführende Fragestellungen die Phänomene zu erklären und darüber hinaus das durchgeführte Experiment abzuwandeln und erneut durchzuführen

Mundschleimhautzellen

- Die SuS entnehmen gemäß der Versuchsanleitung eine Probe ihrer Mundschleimhautzellen und färben diese wie auf dem Arbeitsblatt beschrieben mit Methylenblau an
- Anschließend wird das Objekt im Mikroskop betrachtet und ggfs. eine Zeichnung angefertigt
- Bestenfalls ist im mikroskopischen Bild ein Zellverband zu erkennen, an dem Bau und Struktur tierischer Zellen auszumachen ist